# 别墅典藏

## VILLAS

● 本书编委会 编

居 | 住 | 空 | 间 | 设 | 计
# LIVING SPACE DESIGN

中国林业出版社

China Forestry Publishing House

图书在版编目（ＣＩＰ）数据

居住空间设计. 2, 别墅典藏 /《居住空间设计》编委会编. -- 北京：中国林业出版社, 2014.6

ISBN 978-7-5038-7384-3

Ⅰ.①居… Ⅱ.①居… Ⅲ.①别墅－室内装饰设计 Ⅳ.①TU241

中国版本图书馆CIP数据核字(2014)第025616号

【居住空间设计】编委会

◎ 编委会成员名单

选题策划：金堂奖出版中心
编写成员： 张寒隽　　郭海娇　　高囡囡　　王　超　　刘　杰　　孙　宇　　李一茹
　　　　　 姜　琳　　赵天一　　李成伟　　王琳琳　　王为伟　　李金斤　　王明明
　　　　　 石　芳　　王　博　　徐　健　　齐　碧　　阮秋艳　　王　野　　刘　洋

中国林业出版社 · 建筑与家居出版中心
策　　划：纪　亮
责任编辑：李丝丝

出版：中国林业出版社
（100009 北京西城区德内大街刘海胡同 7 号）
http://lycb.forestry.gov.cn/
E-mail: cfphz@public.bta.net.cn
电话：(010) 8322 5283
发行：中国林业出版社
印刷：北京利丰雅高长城印刷有限公司
版次：2014年6月第1版
印次：2014年6月第1次
开本：230mm×300mm, 1/16
印张：13
字数：100千字
定价：169.00元

# CONTENTS
## 目录

## Villas

# 建筑读库

涵盖建筑、室内设计与装修、景观、园林、植物等类型电子读物的移动阅读平台。

功能特色：

1.标记批注——随看随记，用颜色标重点，写心得体会。

2.智能播放——书签、分享、自动记录上次观看位置；贴心阅读，同步周到。

3.随时下载——海量内容，安装后即可下载；随身携带，方便快捷。

4.音视频多媒体——有声有色，让读书立体起来，丰富起来！

在这里，建筑、景观、园林设计师们可以找到国内外最新、最热、最顶尖设计师的设计作品，上万个设计项目任您过目；业主们可以找到各式各样符合自己需求的设计风格，家装、庭院、花园，中式、欧式、混搭、田园……应有尽有；花草植物爱好者能了解到最具权威性的知识，欣赏、研究、栽培，全面剖析……海量阅读内容，丰富阅读体验，建筑读库一一满足您。

**购买本书，免费获得高清电子版！**

1.下载APP，注册成为会员

2.点击"个人中心"—"促销码"页面

3.输入促销码【165847】

4.点击"书架"—"云端书架"

即可免费下载阅读本书电子版

建筑中心读者服务QQ：2816051218

**重**庆黎香湖别墅
Lake Blossom Villa

**怅**卧袷衣夏黄昏
Lying down clothing summer evening

**天**津 玫 瑰 湾
Tianjin Rose Bay

**让**时 间 放 慢 脚 步
Let Time Slow Down

**马**柯艺术工作室
Ma Ke Art Studio

**湖**中的香榭丽舍
Champs Elysees In Lake

**东**情 西 韵
East West Rhymes

**清**华坊青欣阁
Qingxin Mansion in
Qinghuafang Community

**品**悦方圆-深圳卓越港联排别墅
Attitudes On Tradition

**弘**梧岳
Hong · Wu Yue

**花**园 老 洋 房
Joe Tatelbaum

**春**晚珠箔飘灯归
Villa

**龙**之宅
Dragon's House

**摩**登 中 国
Modern China

**欧**式乡村:苏州太湖天阙
European Style Village-
Suzhou TaiHu Thani

**静**境
Silence Space

**野**鸭湖度假别墅
Yeyahu Resort Villa

**美**式新古典的清雅新生
SPRING

**轻**人 文 古 典
Elegant Personality

**上**虞 严 公 馆
ShangYu Yan Mansion

**参评机构名/设计师名：**
水平线室内设计有限公司/
Horizontal Space Design

**简介：**
HSD水平线空间设计有限公司是中国当代设计的代表之一，拥有多名优秀的年轻设计师的国际化团队。自2003年成立至今，HSD始终秉承创新精神，使我们在建筑设计、室内设计、

景观设计、产品设计等领域成爲开拓者，竭力爲业主提出设计与工程方面的最佳解决方案。在设计中，HSD善于发掘传统文化中的可能性，赋予每个设计以鲜明的个性和旺盛的生命力。我们秉承对东方传统文化、艺术、与哲学等方面的提取和运用，配合数字化分析工具和国际先锋的设计方法，致力于真正属于中国的现代巅峰设计。

# 重庆黎香湖别墅
# Lake Blossom Villa

## A 项目定位 Design Proposition

黎香湖别墅位于重庆黎香湖万亩国际休闲养生区，是休闲度假的居住之所。陶潜笔下的桃花源一直是中国古代文人追求的理想隐居处所，而随着社会的快速发展，奢华的物化取代了人们的精神世界追求。该项目位于黎香湖这样一个现代桃源。我们用回归自然的东方美学表达其沉潜而温润的空间气质，以东方当代的度假生活为设计引导，形成扎根传统的共识，让人们在快节奏的生活中也能找到一分隐在湖边，归在田园的宁静。

## B 环境风格 Creativity & Aesthetics

设计中把宋代文化意境作为我们设计的灵魂，以"重回经典，回归传统"为方向，将自然的意境与当下的生活方式结合，将文化精髓元素融入生活，形成静谧悠然的心境和多元与复杂并存的"集古"气质。

## C 空间布局 Space Planning

设计者对空间复杂性的解读和对空间多元设计的探索，不是简单的符号堆叠，而是从传统文化中提取精神元素，通过高科技、高技术的手法，将东西方元素融合在一起，以强烈的现代气息引发人们共鸣，营造一种大隐于市的世外桃源意境。

## D 设计选材 Materials & Cost Effectiveness

空间中适用了一系列中国气质之美的材质：枯山水的禅意、木质的典雅、石质与金属线条大量运用于细节的勾勒处，在视觉上形成连贯的引导符号，也悄然流露出东方人的细腻与严谨。

## E 使用效果 Fidelity to Client

满意度高。

**项目名称_**重庆黎香湖别墅
**主案设计_**琚宾
**参与设计师_**姜晓林、闵耀、曲云龙
**项目地点_**重庆
**项目面积_**650平方米
**投资金额_**420万元

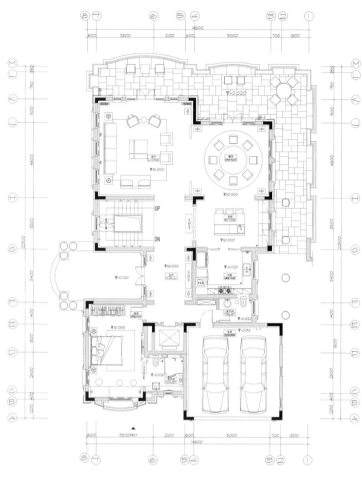

一层平面图

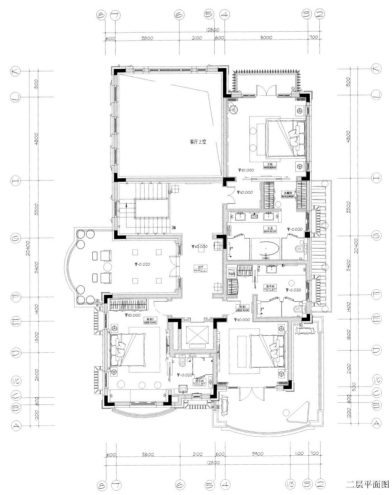

二层平面图

参评机构名/设计师名：
萧爱华 Xiao Aihua
简介：
2002年获得全国第四届室内设计大展金、银、铜奖，2005年获得上海第四届建筑室内设计大奖赛金、银、铜奖，2008获得亚太室内设计双年大奖赛优秀作品奖，2008年摄影"宁静港湾"获亚太地区"感动世界"中国区金奖，

2006年获得上海第二届"十大优秀青年设计师"提名，2007年获得全国杰出中青年室内建筑师称号，2007年获得中国十大样板房设计师50强，2008年获得全国设计师网络推广传媒奖，2009年获得SOHU"2009设计师网络传媒年度优秀博客奖"，2009年获得"中国十大样板间设计师最佳网络人气奖"，2009年获得华润杯中国建筑设计师摄影大赛最佳建筑表

现奖，2010年获得全国杰出设计师称号，出版"时尚米兰"最新国际室内设计流行趋势出版"精妙欧洲"遭遇美丽建筑游记出版"没有历史的西方"再见美国建筑游记出版"雕刻时光"萧氏设计作品集出版《阳光萧氏-居住空间》《阳光萧氏-商业空间》出版《现代金箔艺术》出版《花样米兰》。

# 怅卧袷衣夏黄昏
## Oriental Villa

**A** 项目定位 Design Proposition
本案延续建筑设计风格以及当代东方生活形态与时代形式的探索，将东方空间精神注入过于西化的空间的主流思考中，以谋划一种当代华人独有的生活样貌。

**B** 环境风格 Creativity & Aesthetics
历史得以传承，中国的琴棋书画总是那么惬意唯美，一张纸两点墨简单的组合却能表达人们最细腻的情感，洁白的纸上蕴染着豪放的泼墨与纤细的白描，藏有文化人的万千情怀与东方人的审美情趣完美结合在一起。

**C** 空间布局 Space Planning
本案以琴棋书画为主题探讨东方现代的生活方式，既有传承又有发扬，即内敛含蓄又不失浪漫的意境。

**D** 设计选材 Materials & Cost Effectiveness
本案首先将原有的建筑空间优化，务求让空间张弛有度，再以素雅的暖色调为主，同色系的材质相互穿插，既有对比又很协调。

**E** 使用效果 Fidelity to Client
现代设计手法的灵活运用将某些传统的装饰符号重新铺排，让其体现东方现代的文化底蕴，也更贴近当代东方人的审美情趣，整套方案注重风格与建筑的延续性，装饰朴素雅致，构成文人居士理想的生活空间。

项目名称_怅卧袷衣夏黄昏
主案设计_萧爱华
项目地点_江苏苏州市
项目面积_250平方米
投资金额_1000万元

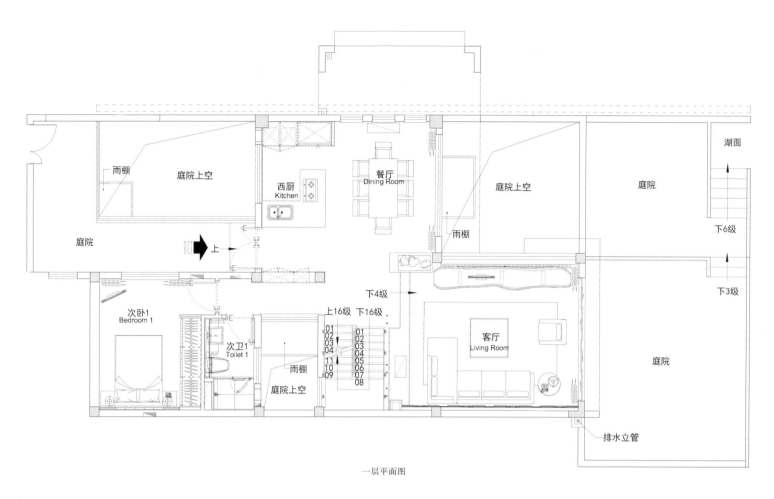

雨棚

庭院上空

西厨
Kitchen

餐厅
Dining Room

庭院上空

庭院

湖面

庭院

雨棚

下6级

上

庭院

下3级

次卧1
Bedroom 1

次卫1
Toilet 1

雨棚

庭院上空

上16级 下16级

下4级

客厅
Living Room

庭院

排水立管

一层平面图

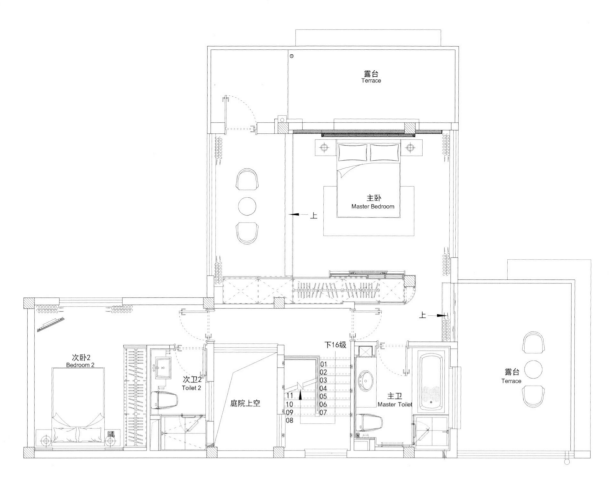

露台
Terrace

主卧
Master Bedroom

上

上

次卧2
Bedroom 2

次卫2
Toilet 2

庭院上空

下16级

01
02
03
04
11 05
10 06
09 07
08

主卫
Master Toilet

露台
Terrace

二层平面图

参评机构名/设计师名:
吴巍 William
简介:
2012年"全国美化家具大奖赛"优秀奖,2011年"可持续舒适空间亚太室内设计精英邀请赛"杰出设计奖,2011年"搜狐德意杯第八届中国室内设计明星大赛"银奖,2010年"全国美化家居大赛"一等奖,2010年"时尚家居十大明星室内设计师",2010年"中国国际空间环境艺术设计大赛筑巢奖"优秀奖,2010年"室内设计明星大赛全国实景大户型组"银奖,2009年"全国美化家居大奖赛"三等奖,2008年"家装设计全民网络评选大赛"(绿色类)银奖,2008年"产品设计精英大赛"一等奖,2007年"全国美化家具大奖赛"三等奖,《瑞丽家居》、《时尚家居》、《家饰》杂志特约撰稿人,BT7、旅游卫视等特约嘉宾设计师。

# 天津玫瑰湾
## Tianjin Rose Bay

**A** 项目定位 Design Proposition
不脱离城市的现代气息,同时与城郊自然更为亲近。

**B** 环境风格 Creativity & Aesthetics
结合古典与现代的装饰元素,将整个空间打造得大气、舒适又不雅致。

**C** 空间布局 Space Planning
动静区的灵活过度,局部颜色的点缀和对比,曲直流线的完美结合。

**D** 设计选材 Materials & Cost Effectiveness
半透明材质的多处运用,与自然花卉造型的结合,使得空间现代气息十足且不失围和感。

**E** 使用效果 Fidelity to Client
业主自身觉得很舒适又不失身份,且得到来访者们的好评,也有近处业主们前往参观,参考。

项目名称_天津玫瑰湾
主案设计_吴巍
项目地点_天津
项目面积_450平方米
投资金额_450万元

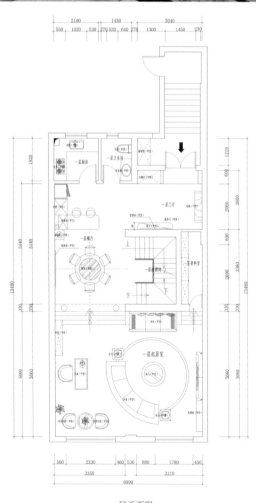

一层平面图

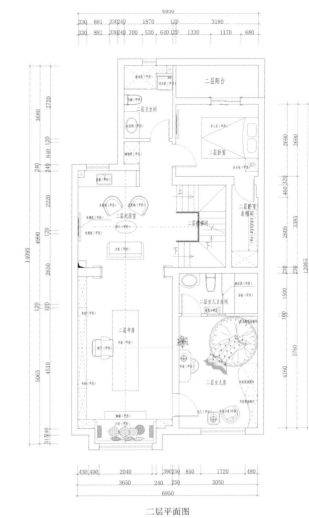

二层平面图

**参评机构名/设计师名:**
朱林海 Zhu Linhai
**简介:**
2000年创建林海工作室，2000年"融侨花园东区杯"设计大赛二等奖，2005、2006年福建海峡两岸三地设计大赛优秀奖，2009年中国室内空间环境艺术设计大赛优秀奖，2010年加盟大成香港设计。

# 让时间放慢脚步
## Let Time Slow Down

### A 项目定位 Design Proposition
从为业主打造一个浮躁都市的心灵栖息地为出发点。身在都市却能感受到一份身心的放松，把人与自然紧紧捆绑在一起。

### B 环境风格 Creativity & Aesthetics
融合东方的禅境与西方的舒适性为一体，打造一个放松的空间。

### C 空间布局 Space Planning
通过大量的留白和精致的装饰，多处的借景和大小空间的对比，塑造一个极具变化的空间。

### D 设计选材 Materials & Cost Effectiveness
通过大量的天然材料的运用，体现质朴、环保的设计理念。

### E 使用效果 Fidelity to Client
让业主和许多的观摩者有一种放松的感觉，在这个空间里，似乎时间放慢了脚步，浮躁的心得到一丝抚慰。

**项目名称_**让时间放慢脚步
**主案设计_**朱林海
**项目地点_**福建福州市
**项目面积_**700平方米
**投资金额_**800万元

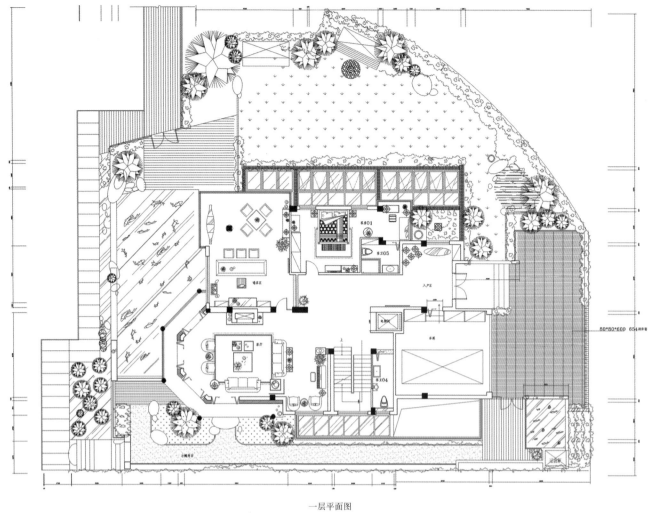

一层平面图

**参评机构名/设计师名：**
马安平 Ma Anping
**简介：**
1993年，室内环境设计参加"全国室内设计艺术布置竞赛"，获得银奖。1999年，在广告世界第五期杂志发表论文"名人广告谈"。2000年至2005年先后主持"长安医院"环境景观、"西安小寨百盛商厦""皇城宾馆客房"、北京国佳精英商务会馆等大型室内外设计工作其设计方案已实施。2004年，为西安高新区设计"NEW"三维立体广告。"澳大利亚羊毛脂电视广告、邮票式造型户外广告被收编到陕西人民教育出版社的"广告实务"一书中作为案例。2008年9月，西安市纪念改革开放30周年活动——广告行业最佳创业广告人。2012年11月，"马柯艺术家餐厅"荣获陕西省第七届室内装饰设计大赛公共空间实例奖类金奖。2012年11月，"新长安会所"荣获陕西省第七届室内装饰设计大赛公共空间实例类佳作奖。2012年9月，在"域—中国室内设计年鉴上"上发表设计作品"马柯艺术家餐厅"及文章一篇。2012年12月，"在现代装饰"发表设计作品"新长安会所"及文章一篇。2013年1月，在"室内设计与装修id+c"发表设计作品以及及名为"在艺术中食指大动"文章一篇。

# 马柯艺术工作室
## Ma Ke Art Studio

### A 项目定位 Design Proposition
该项目坐落于西安秦岭北麓山坡上，主人是一位高校教授美术的油画家，北面山体的自然景观及落地窗正好是原建筑的一大特色。

### B 环境风格 Creativity & Aesthetics
设计师在设计创作中，尽量保持该建筑的视觉通透性，在饰品的选择上采用了关中具有一定历史和收藏价值的石狮子，在视觉上营造了一种同西式家具既冲突又和谐的视觉冲击力，一种中西文化并融的视觉美感。

### C 空间布局 Space Planning
为了满足主人绘画空间的工作需求，而将客厅设计成了画室、书房、会客三个空间的统一布局，从而使该项目自竣工后所显现的风格颇为独特，气质亲切、质朴、空间灵动，墙面上悬挂的大镜子，在既满足绘画功能需求外，也使室内空间效果得以延伸，并将落地窗外的自然景色收入室内，室内外相互借景，并与自然融为一体。

项目名称_马柯艺术工作室
主案设计_马安平
项目地点_陕西西安市
项目面积_500平方米
投资金额_300万元

### D 设计选材 Materials & Cost Effectiveness
特别强调能与自然相贴近的饰面材料以及与山体相融的质感效果，在吊顶上立足保持原建筑的结构，只做了局部能够消除原先大梁造成的压抑感的石膏板，乳胶漆饰面处理，并在顶面上开了一个天窗，从而满足画室的功能性，地面铺装上选择了国产手工釉面陶砖，窗套等饰面选择无漆面的木质自然本色材质，甚至主、客卧室地面的木地板家具等均采用无漆面处理，充分体现材料的原质感，家具式样选择简欧的新古典主义款式，卫生间选用质感粗犷的石材材质。

### E 使用效果 Fidelity to Client
业主希望拥有自由、质朴并能与秦岭自然风光相融为一体的空间气质，同时也能满足主人作画的空间需求。

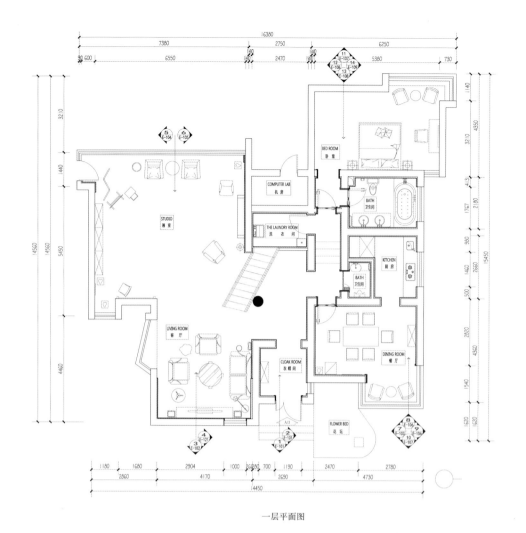

一层平面图

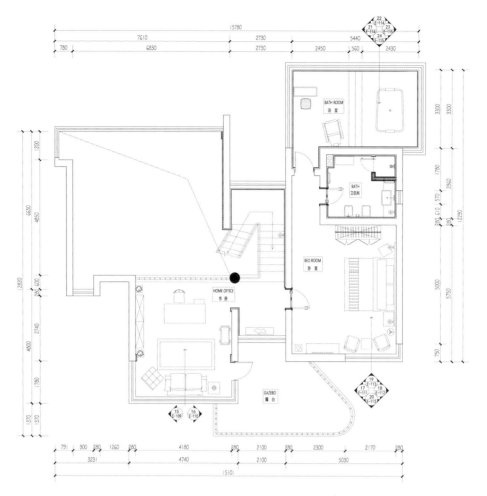

二层平面图

**参评机构名/设计师名：**
陈熠 Chen Yi

**简介：**
毕业于南京艺术学院（环境艺术专业），进修于浙江中国美术学院室内设计，中国建筑装饰协会高级室内建筑师，中国建筑装饰协会高级住宅室内设计师，中国建筑装饰协会陈设设计师，中国建筑装饰协会软装设计师，10年以上家装设计工作经验。

# 湖中的香榭丽舍
## Champs Elysees In Lake

### A 项目定位 Design Proposition
依山傍水的优越地理环境，为本作品的营造出浓厚的度假情趣，业主也喜欢经常在家宴请宾客。因此本作品结合得天独厚的环境，将室内设计部分巧妙地与周围环境相结合，为业主营造出美式乡村的度假别墅。

### B 环境风格 Creativity & Aesthetics
本作品中的美式乡村风格可谓是集中了美式乡村风格的所有特点，无论是室内的哪个角落，都能体会到浓浓的美式乡村风情，例如壁炉旁怀旧的唱片机，哑口的独特造型等等。而本案中硬装部分的环境营造中做旧的部分并不是特别多，之前在与业主的沟通中了解到业主有自己的一些古董收藏，将大自然的气息引入室内，再增添美式风格里精致的部分。

### C 空间布局 Space Planning
由于业主经常在此宴请宾客，此地理位置又是依山傍水，所以每个空间都保留最大的采光通风条件，另外每个空间布局都有能让众人一起交谈沟通的理由。例如半敞开的厨房中央的岛台设计。

### D 设计选材 Materials & Cost Effectiveness
由于美式乡村风格木质的厚重与仿古砖的做旧都会让人觉得环境颇为古老，因此在局部的材质选取上，打破了一贯美式乡村风格的用材，反而让人觉得耳目一新。例如客厅壁炉选用高光大理石铺贴，客厅与替他地方的错层关系选用铁艺的立柱而非木质。

### E 使用效果 Fidelity to Client
本作品在施工的中后期就已经展现出效果，而后期在家具的选择上也是听取设计师的意见，客厅的沙发没有选择全木质的而是选用高品质的皮质沙发。整体有古典雅致，也有时尚品味。

项目名称_湖中的香榭丽舍
主案设计_陈熠
项目地点_安徽马鞍山市
项目面积_500平方米
投资金额_200万元

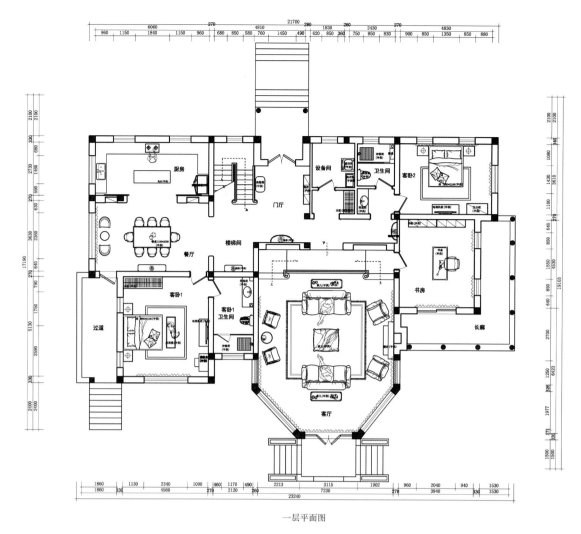

一层平面图

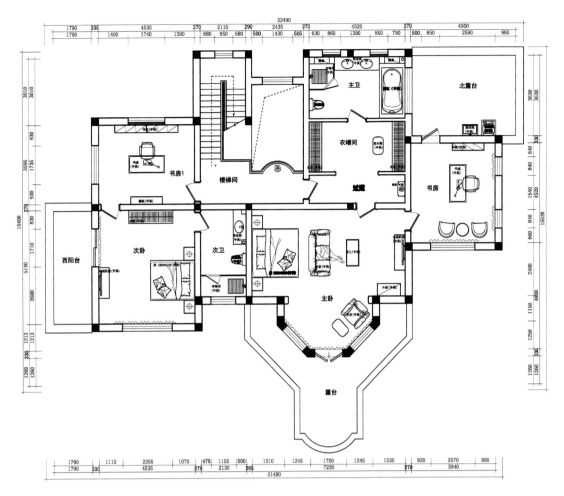

二层平面图

**参评机构名/设计师名:**
杨克鹏 Yang Kepeng
**简介:**
北京雕琢空间室内设计工作室创办人、总设计师,国家注册高级住宅室内设计师。

# 东情西韵
# East West Rhymes

**A** 项目定位 Design Proposition

现在的世界是一个开放的世界,世界各国文化相互渗透,交融,本案设计的出发点也是如此,在一个居住空间里实现了多元文化的交融。

**B** 环境风格 Creativity & Aesthetics

通过与业主的深入沟通,挖掘业主内心深处的真实需求,用现代表现手法,在一个空间里融合了中国东方文化,美式文化,印尼文化,地中海文化,实现多元文化的有机交融。

**C** 空间布局 Space Planning

打破原有建筑结构的束缚,按照现代人的生活方式和居住习惯来布置平面,让居住空间更舒适,更人性化!

**D** 设计选材 Materials & Cost Effectiveness

挑选带有浓烈地域文化特点的材料,再搭配上大自然中的卵石、干竹来烘托空间的整体气氛。

**E** 使用效果 Fidelity to Client

用业主的话说:来到这个房子,就不想回原来的房子了……

项目名称_东情西韵
主案设计_杨克鹏
项目地点_北京
项目面积_328平方米
投资金额_80万元

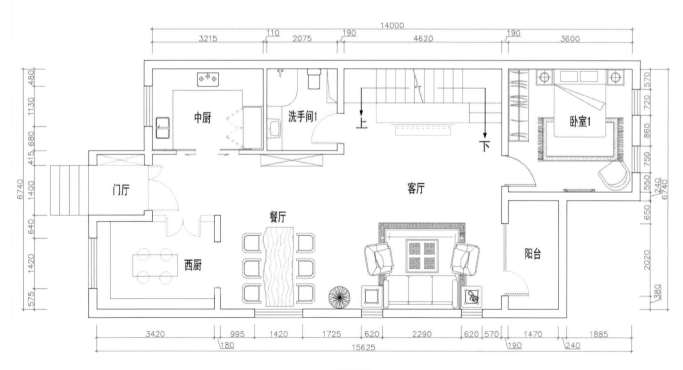

一层平面图

**参评机构名/设计师名：**
广州市思哲设计院有限公司/
Guangzhou Seer Design Institute Co.,Ltd.
**简介：**
创建于1988年3月5日，是中国首个私营专业室内设计机构。目前拥有建筑装饰专项工程设计甲级、照明工程设计专项乙级、风景园林工程设计专项乙级资质，而且通过了ISO质量管

理体系认证。设计的项目类型涵盖酒店宾馆、餐饮娱乐、商业展示、商务办公、楼盘华宅、影视演艺、城市改造、园林景观、灯光照明等。我们的设计工作涉足全国29个省、自治区、直辖市及特区，作品遍布60多个城市，还开辟了境外业务，在帕劳共和国及迪拜、比利时均有作品。二十五年来，我们已完成设计作品上千个，项目获奖无数。2008年，我司

更被美国INTERIOR DESIGN中文版评为"中国规模最大的室内设计企业十强"及"中国最具发展潜力的室内设计企业十强"，成为国内知名的设计行业品牌。公司现有员工150多人，我们一直坚持以完美产品、智慧的思想作为我们努力的目标，以高水平作为我们工作的方向。在往后的日子，"思哲人"将秉承"思有道、哲无界，做有思想的设计"这一设计理念，不断自勉，努力提升我们的设计水平和服务水准，以求能够为客户创作更多、更优秀的作品！

**思哲设计**
SEER DESIGN

# 清华坊青欣阁
## Qingxin Mansion in Qinghuafang Community

**A 项目定位** Design Proposition

一座别具一格的中国现代院落式民居别墅，它总体来说属于皖南派民居建筑，但是又融入一些现代的风格，独具特色。

**B 环境风格** Creativity & Aesthetics

置身其中，我们能感受到主人对东方文化的热忱和执着。中式风格的家居设计讲究古朴、华美、内敛、沉稳，因此比较注重雕刻，喜欢用精美、复杂的图案来装饰整个空间，此案中的中式风格装修设计，就是在中式风格的基础上加入了些许现代化的元素，让整个家居看上去不再那么单调。

**C 空间布局** Space Planning

大开间、极富空间感。错层的设计，更令空间感倍增。

**D 设计选材** Materials & Cost Effectiveness

延续青砖、灰墙、黛瓦的前庭后院，将大量的古建材料融入宅院本身。

**E 使用效果** Fidelity to Client

通过整体的装饰去极力还原这种我们正在失去的生活韵味，让我们的优居生活更加饱满。

**项目名称**_清华坊青欣阁
**主案设计**_罗思敏
**参与设计师**_招志雄、丘志超、罗敬涛
**项目地点**_广东广州市
**项目面积**_800平方米
**投资金额**_600万元

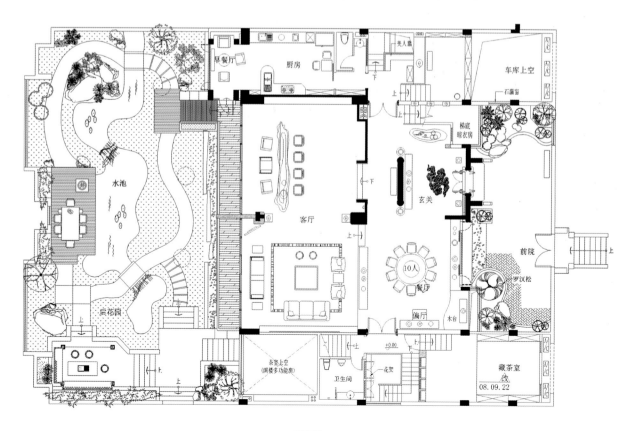

平面图

**参评机构名／设计师名：**
肖军 Xiao Jun
**简介：**
中国建筑装饰协会会员（CIID），2013年度深圳优秀室内设计师，毕业于江西省南昌大学，2008深圳市科源建设集团有限公司，2009深圳市文格空间顾问有限公司，2009深圳市名雕装饰股份有限公司。

良好的设计视觉，严谨的设计态度。

# 品悦方圆：深圳卓越维港联排别墅
## Attitudes On Tradition

### A 项目定位 Design Proposition
抛弃城市的豪华凡俗之气，用建筑的自身元素，独立的方圆视觉，表达出城市人喧嚣背后隐逸。

### B 环境风格 Creativity & Aesthetics
方，如他硬朗，圆，似她温润，糅合方圆，在方直中感受张力，在曲线中体会动感，方中见圆，圆中有方，实现交融、统一。

### C 空间布局 Space Planning
公共区域完全释放出来，几个空间的大面积整合，使得空间感成立方增长。

### D 设计选材 Materials & Cost Effectiveness
利用建筑手法的本源，运用最原始的涂料作为亮点，配合大量的辅助光源，独特的方圆视觉完成本案。

### E 使用效果 Fidelity to Client
业主本家族对设计都比较认可，对设计效果表示很满意。

**项目名称**_品悦方圆：深圳卓越维港联排别墅
**主案设计**_肖军
**项目地点**_广东深圳市
**项目面积**_300平方米
**投资金额**_200万元

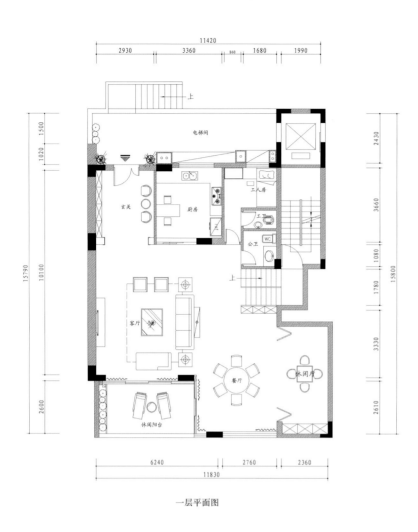

一层平面图

二层平面图

**参评机构名/设计师名:**
马治群 Joe Ma
**简介:**
毕业于香港大学,从业20多年,拥有深厚的设计功底,其作品充满浓郁的文化气息,在国内主持过众多设计作品,以及大型商业项目建设。
**设计独白:**设计源于生活,又高于生活,设计师不仅为业主规划合理的室内空间,更为业主提供一个新的生活方式,提高其生活质量、品味。

# 弘梧岳
## Hong·WuYue

### A 项目定位 Design Proposition
本案为私家庄园,在20多亩地的空间面积里,覆盖了独栋别墅、会所、游泳池、高尔夫、网球等配套设施,在整体策划和市场定位上意在展现庄园的高贵庄严、恢弘大气。

### B 环境风格 Creativity & Aesthetics
本案采用古典欧式的设计手法,追求华丽、气派、典雅、新颖。彰显尊贵、贴近自然,符合主人的精神诉求与品位。风格上,沿袭古典欧式风格的主元素,融入现代生活要点。通过完美曲线、陈设塑造、精益求精的细节处理,透入空间的豪华大气。整个空间让人领悟到欧洲传统的历史痕迹与深厚的文化底蕴,同时又摒弃了过于复杂的肌理和装饰。

### C 空间布局 Space Planning
在功能布局上,动线清晰明了,动静分明。一层为动态空间,配备客厅、钢琴区、偏厅、咖啡厅、茶室、书房、中西餐厅、中西厨房。二、三层均为静态空间,主卧均附带休息厅、书房、更衣间、洗手间;客房附带独立的休息厅和洗手间。

### D 设计选材 Materials & Cost Effectiveness
在材质运用上,结合了业主的喜好,撇开了在大众眼帘中清淡的色彩,主要以大理石、金箔、壁纸、镜面、黑檀为主系。

### E 使用效果 Fidelity to Client
整个庄园勾勒后的效果,得到很多业主朋友的认同,并建起了类似的庄园别墅。

**项目名称**_弘梧岳
**主案设计**_马治群
**参与设计师**_刘思芬、林惠桢
**项目地点**_福建福州市
**项目面积**_3000平方米
**投资金额**_2000万元

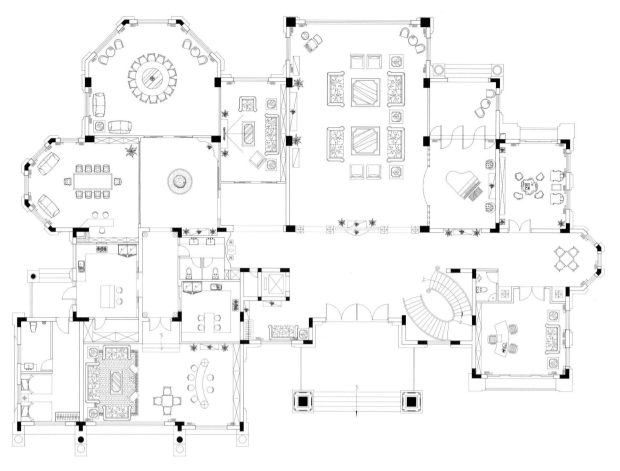

一层平面图

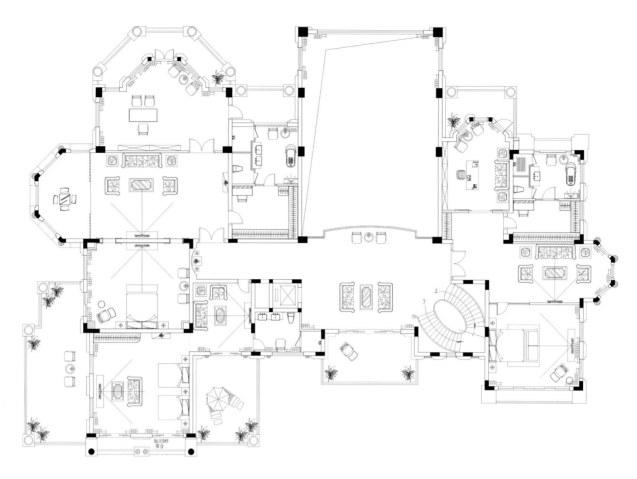

二层平面图

**参评机构名/设计师名:**
邵华波 Johnhar

**简介:**
认为每一个空间的营造因为其所处时代、所在地域、建筑环境、功能性不同,以及相关使用人的区别,而具备独一无二的特质,但他/她因为需要健康、持续地服务于我们的活动而更具有生命力。好的设计应该客观存在于主观世界之中。一位能对社会有所贡献的卓越的设计师,需要让自己时刻保持激情及拥有好奇心成为一种习惯,并努力去挖掘、寻找那些好的设计!
2004年完成的Joe Tatelbaum复式住宅获2011亨特窗饰杯首届中国软装100设计盛典别墅设计类优秀作品,作品《Philippe Starck & 张周捷》获2012第九届搜狐焦点家居中国室内设计明星大赛专业组银奖。

# 花园老洋房
## Joe Tatelbaum

**A** 项目定位 Design Proposition
尊重城市历史文脉,契合现代生活方式。

**B** 环境风格 Creativity & Aesthetics
去之形,取之神。"做得不要太苏州",以及尽可能接触大自然。

**C** 空间布局 Space Planning
捕捉现场的树叶、阳光、空气,进行非常规化的布置,来制造惬意的生活空间。

**D** 设计选材 Materials & Cost Effectiveness
挖掘材料与环境的共同属性,寻找合适的材料,材料应该是生长在这个环境空间的。

**E** 使用效果 Fidelity to Client
现场没能看到明显痕迹的设计,但呆在里面能感受到灵动的空间,很放松。

项目名称_花园老洋房
主案设计_邵华波
项目地点_上海
项目面积_420平方米
投资金额_260万元

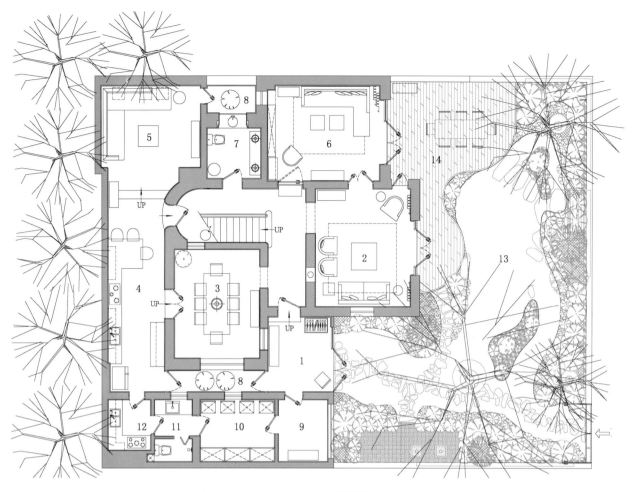

一层平面图

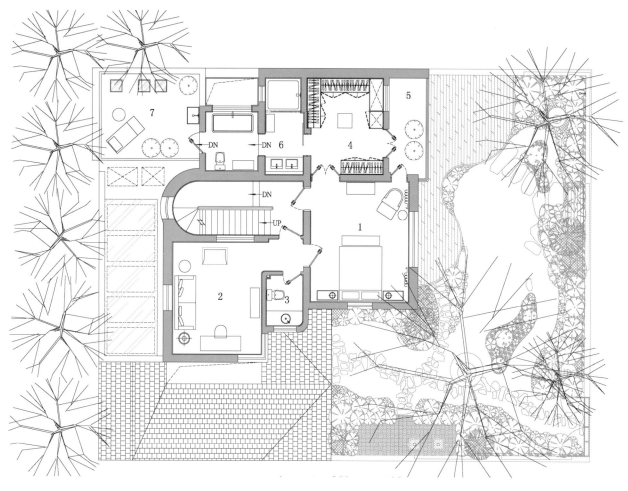

二层平面图

**参评机构名/设计师名:**
萧爱华 Xiao Aihua

**简介:**
2002年获得全国第四届室内设计大展金、银、铜奖，2005年获得上海第四届建筑室内设计大奖赛金、银、铜奖，2008获得亚太室内设计双年大奖赛优秀作品奖，2008年摄影"宁静港湾"获得亚太地区"感动世界"中国区金奖，

2006年获得上海第二届"十大优秀青年设计师"提名，2007年获得全国杰出中青年室内建筑师称号，2007年获得中国十大样板房设计师50强，2008年获得全国设计师网络推广传媒奖，2009年获得SOHU"2009设计师网络传媒年度优秀博客奖"，2009年获得"中国十大样板间设计师最佳网络人气奖"，2009年获得华润杯中国建筑设计师摄影大赛最佳建筑表现

奖，2010年获得全国杰出设计师称号。
《时尚米兰》最新国际室内设计流行趋势《精妙欧洲》遭遇美丽建筑游记《没有历史的西方》再见美国建筑游记《雕刻时光》萧氏设计作品集《阳光萧氏-居住空间》《阳光萧氏-商业空间》《现代金箔艺术》《花样米兰》。

# 春晚珠箔飘灯归
## Peaceful Villa

**A** 项目定位 Design Proposition
喧嚣的世界需要宁静的空间，黑白世界需要色彩点缀，餐厅挑空那映入眼帘活跃的颜色正是男人沉稳世界中家人的欢声与笑语。

**B** 环境风格 Creativity & Aesthetics
本案以黑白简约风格为基调，以沉稳、恬静、稳重为主，构筑出喧嚣大海中一叶爱的扁舟。

**C** 空间布局 Space Planning
餐厅蓝黄顶面挑空的处理，将上下空间串联起来，既是黎明前的一缕阳光，又是孩子的欢声笑语，让一切充满快乐和希望。

**D** 设计选材 Materials & Cost Effectiveness
餐厅通透的处理使整个空间功能最大化利用的同时，又使整个空间浑然一体相互联系，黑色的扶手让你的视觉向上延伸，开放的衣帽间偷偷藏在主卧床头背景的后面。

**E** 使用效果 Fidelity to Client
统一的材质让简洁的空间展现多元的表情，相机时刻记录我们的努力、孩子的成长、父母的慈祥、宁静和快乐的时光、还有我们那爱的岁月。

项目名称_春晚珠箔飘灯归
主案设计_萧爱华
项目地点_江苏苏州市
项目面积_260平方米

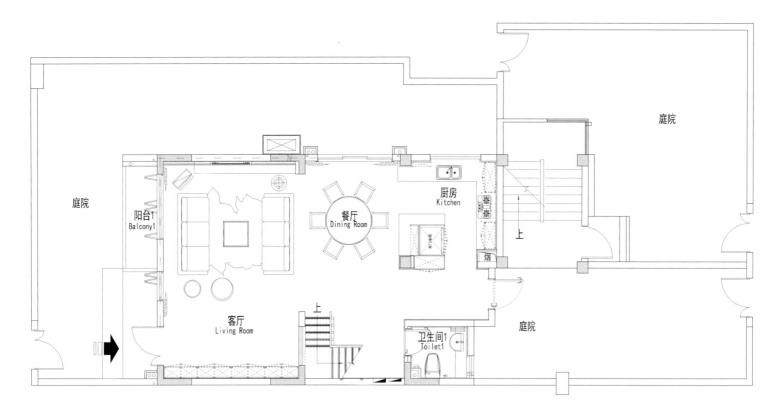

一层平面图

参评机构名/设计师名:
刘志豪 Sunriser
简介:
刘志豪室内建筑师上舍空间设计事务所创意总监,2006-2009年就职于上海中建装饰设计一所,2006-2009年先后在同济大学进修室内设计与建筑设计。

上舍态度:尊重设计,尊重业主,尊重自己上

舍文化:上品生活,舍得智慧,上舍理念;我们认为空间是有生命、有情感的设计应与空间对话,赋予空间以灵魂。我们提倡以人性的终极关系为核 心设计理念,坚持设计研究先行,凭借超乎要求的设计质量帮助用户体验不一样的空间感受。

# 龙之宅
# Dragon's House

## A 项目定位 Design Proposition

业主是年轻人,不喜欢过多的装饰,还是把使用功能摆在第一位,居住其中能够得到心灵的宁静,体现主人崇尚自然的生活态度。

## B 环境风格 Creativity & Aesthetics

本案旨在透过东西方文化的剪辑与交流,诠释空间的虚与实,用现代的设计手法,表现传统东方文化的意境,并体现佛教中禅的哲学及与之相关的价值观——朴素、克制、自然。

## C 空间布局 Space Planning

设计围绕作为交通枢纽的楼梯展开,无论从哪个空间看楼梯间,都是别有一番景致。客餐厅电视墙和固定座椅的处理合理利用了空间,同时也为客厅提供了一个观赏平台。主卧室和书房通过半圆形隔断分隔,隔断的处理有意无意中体现了悠悠古风禅意。

## D 设计选材 Materials & Cost Effectiveness

灰砖、白墙搭配原木色,与现代风格的家具没有半点突兀,几件中式收藏点缀其中,整体风格古朴自然又不失现代感。

## E 使用效果 Fidelity to Client

木花格、香樟木老木箱是主人的收藏,带有浓厚的中式味道,设计师融合现代观念加以组合,中式元素成为一种文化符号,悠然自得地出现在现代化的生活空间中,形成了过去与现代、时间与空间的对话,仿佛在诉说着过往曾经。东方文化讲究天人合一,自然界中太多的东西给我们以灵感,春夏秋冬,四季更迭,我们的生活空间也会随之改变。

项目名称_龙之宅
主案设计_刘志豪
项目地点_山东济南市
项目面积_230平方米
投资金额_45万元

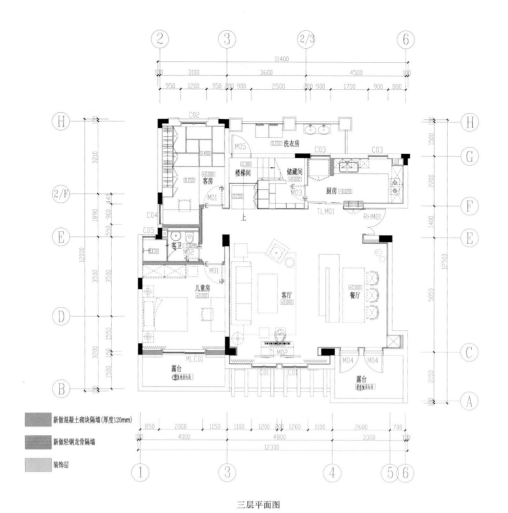

三层平面图

新做混凝土砌块隔墙(厚度120mm)

新做轻钢龙骨隔墙

装饰层

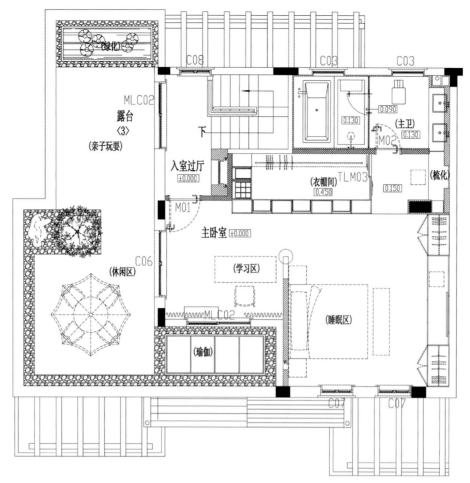

绿化

MLC02

露台
〈3〉
(亲子玩耍)

C08

C03

C03

下

0.130

0.090

(主卫)

M02

0.130

入室过厅
±0.000

(衣帽间)
0.450

TLM03

0.150

(梳化)

M01

主卧室 ±0.000

C06

(休闲区)

(学习区)

(睡眠区)

MLC02

(瑜伽)

C07

C07

三层平面图

**参评机构名/设计师名:**
董元军 Maike
**简介:**
我是一个在设计的海洋里寻找适合自己居住岛
屿的人。特别注重生活的细节和时尚的元素,
对中国风比较偏爱,总感觉民族的就是世界
的。

# 上虞严公馆
## ShangYu Yan Mansion

### A 项目定位 Design Proposition

地处市中心,却闹中取静,仿佛置身于山野别墅中。作品为那些在繁华都市生活的人们就近找到了一个休闲、会客、安居的场所,在纷繁遭杂的社会环境中有一个心灵放松的地方。

### B 环境风格 Creativity & Aesthetics

这个项目的创新点在于将外环境的整合,作为室内空间设计的一个重点补充及亮点。室内与室外景观有机结合,具有中式四合院特点的室外环境与室内欧式的奢华相得益彰。

### C 空间布局 Space Planning

经过外环境改造的别墅紧紧围绕内庭院和外庭院的景观特点,利用南北通透的优势,开展平面布局。而四合院状的空间使整个别墅仿佛置身于一个美妙的家的氛围中。而增加的一些错落有致的下沉式庭院,既解决了地下室的采光、通风、排水问题,同时也使空间上显得错落有致,不是那么单板平滑。

### D 设计选材 Materials & Cost Effectiveness

作品注重地下室的潮气等现实问题,在选材上多选用防腐木、砂岩等经济、耐用又与下沉式庭院的自然环境有机结合的材料。

### E 使用效果 Fidelity to Client

奢华、稳重、和四周环境结合得浑然天成。

项目名称_上虞严公馆
主案设计_董元军
参与设计师_胡金俊
项目地点_浙江绍兴市
项目面积_2500平方米
投资金额_1800万元

参评机构名/设计师名：
上海筑木空间设计装饰有限公司/
ZhuMu Decoration&Design Co.,Ltd
简介：
上海筑木空间设计装饰有限公司是一家专业从事高档家庭装潢的大型合资企业。筑木主要是从事室内设计和装饰，成立于2003年，上海筑木空间专业从事中高档住宅、写字楼、商铺、宾馆、饭店等装饰设计与施工。筑木空间目前是上海市为数不多的专业装修级资质。筑木空间拥有一套先进的管理方式和独特的运行法则，筑木空间以客户利益至上为原则，保证施工优质、服务完善。筑木空间注重设计风格内部成立了高端宏厚的设计部，人事部、市场部、网络部、行政部、工程部。其独特的人文眼光和深刻的理解力引领着装饰业的潮流。筑木空间一贯崇尚的理念：品位生活尽享人生。筑木空间一贯崇尚的原则：绿色、人文、健康、低碳。

# 欧式乡村：苏州太湖天阙
## European Style Village-Suzhou TaiHu Thani

**A** 项目定位 Design Proposition
度假别墅生活化。

**B** 环境风格 Creativity & Aesthetics
整套作品融合了欧式乡村和现代风格和谐的统一。

**C** 空间布局 Space Planning
二楼主卧里面加盖了一个"楼中楼"做自己的小书房。

**D** 设计选材 Materials & Cost Effectiveness
地下室采用开放空间及地面采用仿古砖。

**E** 使用效果 Fidelity to Client
业主入住后获得前来新居参观的亲戚、朋友大力推崇。

项目名称_欧式乡村：苏州太湖天阙
主案设计_陈洁
参与设计师_陈斌
项目地点_江苏苏州市
项目面积_600平方米
投资金额_240万元

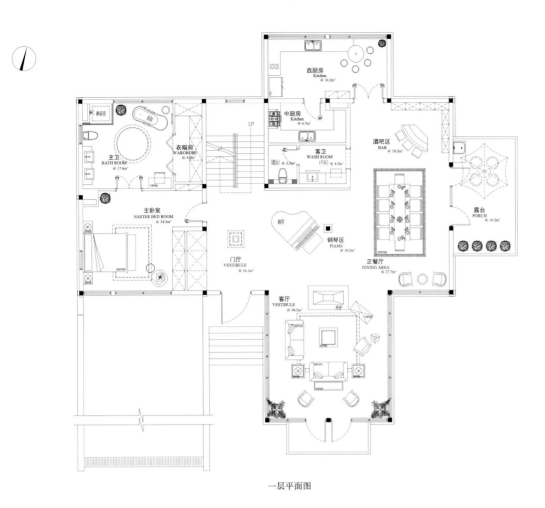

一层平面图

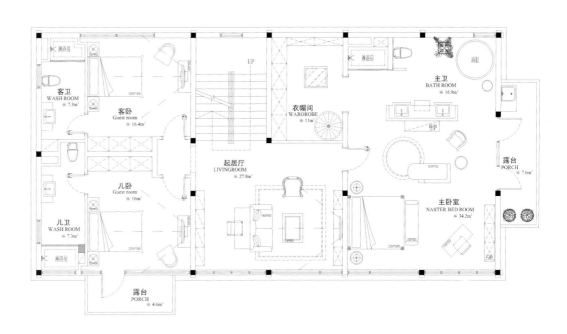

淋浴房

客卫
WASH ROOM
@ 7.3m²

客卧
Guest room
@ 16.4m²

儿卧
Guest room
@ 16m²

儿卫
WASH ROOM
@ 7.3m²

淋浴房

露台
PORCH
@ 4.6m²

UP

起居厅
LIVINGROOM
@ 27.8m²

衣帽间
WARDROBE
@ 11m²

淋浴房

主卫
BATH ROOM
@ 16.9m²

露台
PORCH
@ 7.6m²

主卧室
MASTER BED ROOM
@ 34.2m²

二层平面图

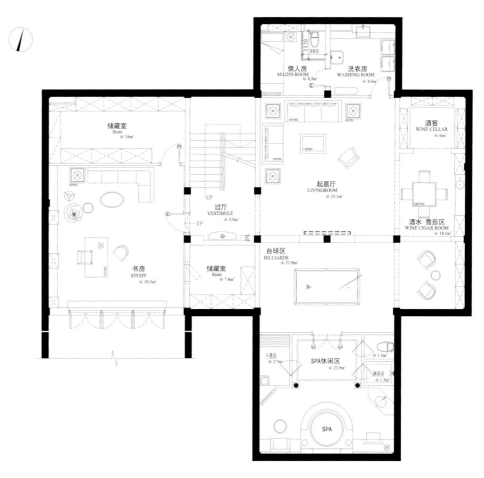

储藏室
Store
≈ 16m²

佣人房
MAID'S ROOM
≈ 8.3m²

洗衣房
WASHING ROOM
≈ 8.3m²

酒窖
WINE CELLAR
≈ 6m²

起居厅
LIVINGROOM
≈ 33.1m²

过厅
VESTIBULE
≈ 5.5m²

酒水 雪茄区
WINE CIGAR ROOM
≈ 18.1m²

书房
STUDY
≈ 30.3m²

储藏室
Store
≈ 7.4m²

台球区
BILLIARDS
≈ 21.9m²

SPA休闲区
≈ 21.9m²

干蒸房
≈ 2.7m²

淋浴房
≈ 1.3m²

≈ 1.3m²

SPA

地下平面图

近境制作设计有限公司/
DESIGN APARTMENT

**简介:**
2003年成立于台湾,致力于自然、清新空间中创造出和谐的比例。
**成功案例:** 轨迹、沐光|对话、留下生过轨迹、生活|向度、裕度空间的顺序、空间雕

塑、轴向、流动|引景、台北谢宅、桃园刘宅等。
**所获奖项:** 2013德国IF传达设计奖、2012Andrew Martin室内设计大奖、2012TID评审特别奖、安邸AD100中国最具影响力100为建筑&室内设计精英、2013金外滩最佳办公空间奖、2012晶麒麟空间组优秀奖、2012晶麒麟产品组晶麒麟奖。

# 静境
## Silence Space

**A 项目定位** Design Proposition

隐藏的视线经由抬高的结构隐现在空间之中,室外的绿意透过遮滤后的光线引入室内,形成一个凝结的视线空间。从原本错置的零碎高低变化中,透过抬升的方式整合成为一个单纯的整合平面。

**B 环境风格** Creativity & Aesthetics

抬升的空间,让室外的绿意直接引入室内,成为生活的背景,室外的庭园成为空间的一部分,单纯地整合平面,强调出公共空间的连接性。

**C 空间布局** Space Planning

连续而延伸,垂直水平的线条引导,强调轴线的串联,空间中的垂直动线,成为一个重要的设计元素。

**D 设计选材** Materials & Cost Effectiveness

利用铁架与石材的转折变化,扶手与量体结构转换出不同型态的空间比例,原本建筑物封闭退缩的空间,透过开口的处理变化,形成开放式的视觉效果,解决原始建筑物不良的采光。

**E 使用效果** Fidelity to Client

空中庭园的设计,以桁架隔栅结构搭配简约的几何造型,成为一种简练的景观造景,纯粹过后的设计手法,重新组构了一个在都市中难得的涵养尺度,让我们回归宁静的生活空间。

**项目名称**_静境
**主案设计**_唐忠汉
**项目地点**_台湾台北市
**项目面积**_338平方米
**投资金额**_2100万元

一层平面图

参评机构名/设计师名：

徐梁 Alan

简介：

毕业于浙江树人大学室内设计，后进修于中国
美术学院环境艺术。

曾任杭州鼎建建筑装饰工程有限公司室内设计
师，杭州鼎建建筑装饰工程有限公司浦江子公
司创始人，鼎建装饰室内设计机构总设计师。

致力于房地产公司样板间、私人住宅、别墅、
精装房等为主的高端室内设计及软装、陈设工
作。

重要工程案例：2011中国内地首富，中国三一
重工集团董事长（梁董）别墅，2010年至
2011年中国三一重工集团副总裁（梁总）别
墅。

# 浙江嘉毅望族壹号
## Zhejiang Jiayi Prominent Families No.1

### A 项目定位 Design Proposition

作品结合当地市场分析，分为四种人群"典雅、奢华、都市、时尚"。根据此案购房者的能力与需求，定位
具有都市型的中等经济实力的白领——所谓的"城市精英"。更能体现他们的价值观；特定的品位与品质。

### B 环境风格 Creativity & Aesthetics

结合业主、使用者的年龄、身份、职业，本案在风格上偏向了现代简约、现代都市型的基调。

### C 空间布局 Space Planning

根据业主的需求，在空间上做了较大的改变，在房子的中心部分放置了盘转楼梯与室内的采光天井；这两
者关系密切并在本案空间上体现了较大的价值空间；在使用上、采光上、视觉上都准确地表达了业主的情
感与需求。

### D 设计选材 Materials & Cost Effectiveness

此案在选材上没有太特别之处，但是在选材上的造价控制比较适合大部分都市人的选择，既经济又舒适，
物美价廉。局部的背景墙选择了天然米白洞石来表达空间中不同材质，既环保又能合理控制材料成本。

### E 使用效果 Fidelity to Client

整体设计过程得到了业主的支持与配合；竣工后最终得到业主的认可、鼓励与群众们的好评。

项目名称_浙江嘉毅望族壹号
主案设计_徐梁
参与设计师_郑怀玉
项目地点_浙江金华市
项目面积_380平方米
投资金额_80万元

参评机构名/设计师名：
虞国纶 Yu KuoLun

简介：
1971年生于台湾台北，自幼学习绘画美术，求学时期参与台湾无数绘画比赛并获奖无数，于1987年保送进入台湾台北复兴商工（美术工艺科）就读，并于1990年顺利完成学业进入各大设计事务所学习其中，并负责案件广涵，别墅、住宅、大型知名饭店及办公场所、百货卖场等案件，历时十余年之久，并于2004年成立格纶设计顾问，自创立以来室内设计项目通及住宅空间、商业空间办公场所、会所样版房等，对于风格与品味的追求，经过严谨的思考与专业的训练，将业主对空间的期待以各种设计风格完美的呈现。强调人与空间的关系，以生活品味与空间艺术的角度，成就设计的独特性，更以理性的空间规划，形塑出空间的本质，以空间美学为基础，打造出与众不同的空间场域；从设计的语汇里，衍生业主对生活品味、理想居所的完美实践。致力提升居住空间美学，并打造室内设计专业品牌。
获2013年金外滩最佳照明设计优秀奖。

# 优雅中挹取芬芳
## Graceful Beauty

**A 项目定位 Design Proposition**

空间，在简明与自由的向度里发展，透过线、面、体块、家具、装饰及材料，结合建筑环境，在阳光与清风和谐的对话里，所有的节点形构出空间里的活动表情，延伸发展出应当具备的人文精神与生活文法。

**B 环境风格 Creativity & Aesthetics**

从家具的原创设计精神，到设计家的创意风范，进而雕塑出空间最佳表情，讲究的是精致美学概念的实践整合，重视的是建筑环境优化的穿透引导。

**C 空间布局 Space Planning**

延续线面的和谐主张。光影依循着线条，向上向下的径自延伸开来，连贯、引申强而有力的结构表情，也叙述空间完整而和谐、融洽的秩序主张。

**D 设计选材 Materials & Cost Effectiveness**

玄关与客厅之间也利用双重地材辅助界定，特别是能阻绝湿气、质感也非常逼真细腻的木纹砖，赋予居家舒适又温暖的休闲情趣。与客厅比邻的餐厅同享三面迷人景窗，尤其是与厨房间半开放式的互动设计，带来亲密又自由的生活情趣，餐桌后方打造一座大型精品柜作为端景，利落的金属框架搭配茶玻拉门与灯光，烘托主人旅行世界各地的精心收藏，格柜内衬并以多色壁布不规则绷制，再添精湛工艺的极致。

**E 使用效果 Fidelity to Client**

对于精致居宅的合理定义，除了风格之外，应该从大方向的人文哲学自省观照开始，转载环境与室内的风景延续，满足当代文化以及反应生活机能的美学细节，企图创作出空间设计与城市脉动关系、精准拿捏得宜的生活魅力。

项目名称_优雅中挹取芬芳
主案设计_虞国纶
参与设计师_王立人
项目地点_台湾台北市
项目面积_231平方米
投资金额_20万元

一层平面图

**参评机构名/设计师名：**
LIME Design Limited
**简介：**
Lime Design 是一间精品式室内设计及建筑设计公司，由林家裕先生于 2005 年创立，他曾于切尔西就读艺术学院，及英国进修室内空间设计。
2013年，在我们的案例中，很荣幸其中两个案例成功获得Successful Design Awards-China（最成功设计比赛-中国）的奖项，分别是深圳香蜜湖58号屋及深圳香蜜湖42号屋。

# 香蜜湖42号屋
## Xiang Mi Hu HOUSE 42

### A 项目定位 Design Proposition
本案设计师制造出一个精致但舒适的空间，让家庭成员拥有更多互动的机会，这样便能大大减低日常工作带来之压力。

### B 环境风格 Creativity & Aesthetics
这个项目旨在为中国传统的豪华与奢侈加点特色，我们的设计重点是隐约与高贵，避免惯常奢侈与夸张的手法。我们挥别中国艳俗的豪华，尝试制造一个更精致而和谐的设计。

### C 空间布局 Space Planning
起居室内，大理石壁炉与铸铁栏杆都跟屋里充满活力与现代感的气息一致。紧贴着书架的广阔楼梯，将起居室宽敞地连接到饭厅。在外面的温室，还附设一个品茶与品酒的房间，是休息的好地方。楼梯上的狭缝是这个互动家居的最佳例子，为房间之间加入流动性，亦令视觉上更宽敞。

### D 设计选材 Materials & Cost Effectiveness
本案尝试选择不同家具与用光，展示出精细而具时代感的设计。天花上不同颜色用以分别屋里不同部分，饭厅上的木制天花尤其明显。书架结合起饭厅与起居室，将两个空间合而为一。

### E 使用效果 Fidelity to Client
从起初我们与客人会面并一起建构这房子的蓝图，直到整个项目完成，我们都尽心尽力去了解客人的需要及喜好。因此，客人对我们这贴心及有个性的设计表示非常满意，真的能让他们每天也像置身于度假中，拥有着轻松及亲密的生活。

项目名称_香蜜湖42号屋
主案设计_林家裕
参与设计师_LAM KAR YUE ALFRED
项目地点_广东深圳市
项目面积_800平方米
投资金额_900万元

参评机构名/设计师名：
郑树芬 Simon Chong
简介：
郑树芬设计事务所被评为"中国酒店最具发展
潜力设计机构"，郑树芬设计事务所被评为
"中国酒店最佳总统套房设计特金奖"，郑树
芬设计事务所被评为"中国最佳卫浴空间优秀
奖"，郑树芬先生被评为"中国酒店原创设计

师白金奖"。

# 山顶种植道别墅
## Villa in Plantation Road, Peak

**A** 项目定位 Design Proposition
香港高端名牌物业，商业中心区、闹中取静。

**B** 环境风格 Creativity & Aesthetics
位于香港山顶的种植道别墅豪华大宅，有着英式维多利亚的贵气，恬静中透出简洁与高贵。

**C** 空间布局 Space Planning
客厅、房间以及书房等不同角度都能看到维多利亚海港。

**D** 设计选材 Materials & Cost Effectiveness
大多数采用了国际顶级名牌家私。

**E** 使用效果 Fidelity to Client
由于各个角度都能看到海，且设计独特，据了解后续已升值数倍，且被不少上层名流看中想要购买。

项目名称_山顶种植道别墅
主案设计_郑树芬
项目地点_香港
项目面积_650平方米
投资金额_10000万元

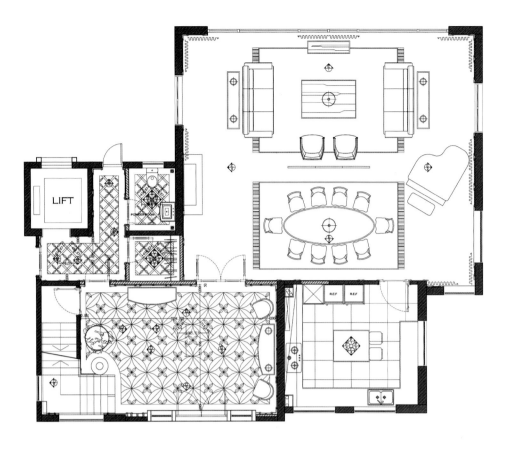

一层平面图

二层平面图

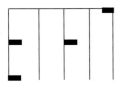

参评机构名／设计师名：
伊太空间设计有限公司/
E-Tai Space Design Office
简介：
伊太空间设计有限公司认为：空间，是一个存在的语言。构筑空间的并不是理论上的色彩学与材料学的拼贴、而是如何将一个人的感受力转化为具体的氛围。一个存活着的主人如何生

伊太空間設計事務所

活、如何品味、以及如何思想等等、构筑了空间里的每一块砖瓦以及色彩。。在伊太色彩、材料、家具等并不是一种物质性的运用、而是一种感受力的转化。空间中的每个细节所表现的不只是表面视觉上的柔和，而更是体现一个人的价值本身。"有时看电影只是被感觉吸引了。即使是一个远景一个孤单的感觉。都是我在设计下一个空间的灵感。"细腻敏锐的观察

力、有时只是要追求该以如何的色彩建筑一个孤单的感觉。一个由人本出发的空间。应是不喧器并且让人自在的。

# 轻人文古典
## Elegant Personality

### A 项目定位 Design Proposition
设计师观察当地的民情、文化，与孩提时生长在眷村的记忆、经验，不断的接触、产生或大或小冲击后，对于媒材有了不同的诠释方式，借由不同的搭接手法，以及材料的变化，展现出空间中最舒适的生活温度。褪去流行的语汇，将其朴直的内涵，经由设计，毫不保留地释放出来，与空间同感、与设计同调。

### B 环境风格 Creativity & Aesthetics
在轻人文古典调性的安排下，厅区氛围意趣，七米挑高高度的气势、拉高窗线的长窗设计，替空间擘画开阔舒适的张力。后现代的手感创意表现，利用斑驳衍生旧表情，结合新的媒材元素，揉进了淡雅素简的背景当中，为动线添入了视觉游赏的感受，成为视觉的焦点意趣。

### C 空间布局 Space Planning
一 楼以会所式的创意规划，二至六楼则以轻古典意象安排休憩机能，视不同活动需求弹性选用空间。

### D 设计选材 Materials & Cost Effectiveness
跨界合作，融入艺术美学涵养。公共空间由开放式交谊厅围塑出主要场域，其中，最具特色之处，则是将挑高二层楼高度的气势概念嵌入建筑当中，让长窗的尺度将空间高度再次拉伸，延展出主要垂直动线。

### E 使用效果 Fidelity to Client
此案规划上，主要在于整合建筑室内外空间，并赋予全新的空间会所式的概念与立面表情。融入建筑大师莱特所主张的"与自然和谐共存"成为设计创意中的准则，从内容概念、结构量体、挑高形式的表现，融入都会城市的流动秩序与山林悠闲地舒适快意。

项目名称_轻人文古典
主案设计_蔡媛怡
参与设计师_张祥镐
项目地点_台湾台北市
项目面积_500平方米
投资金额_200万元

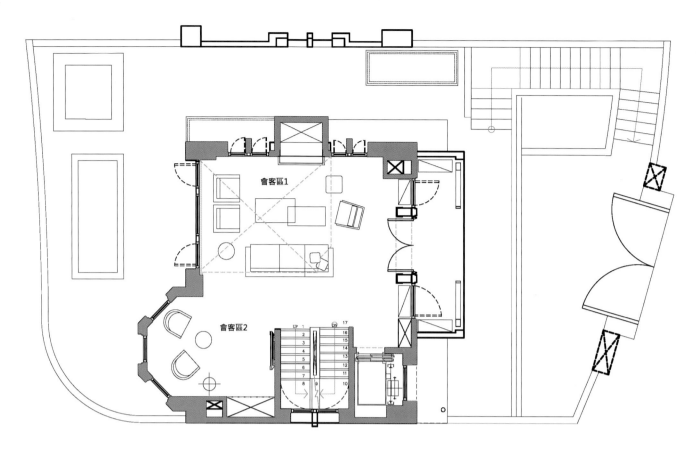

一层平面图

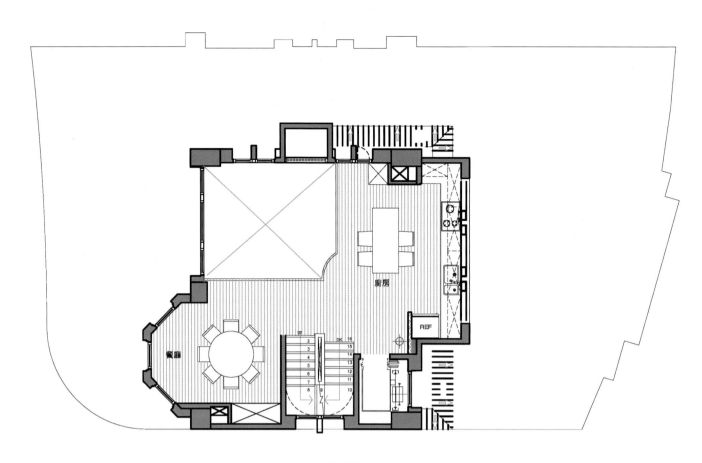

二层平面图

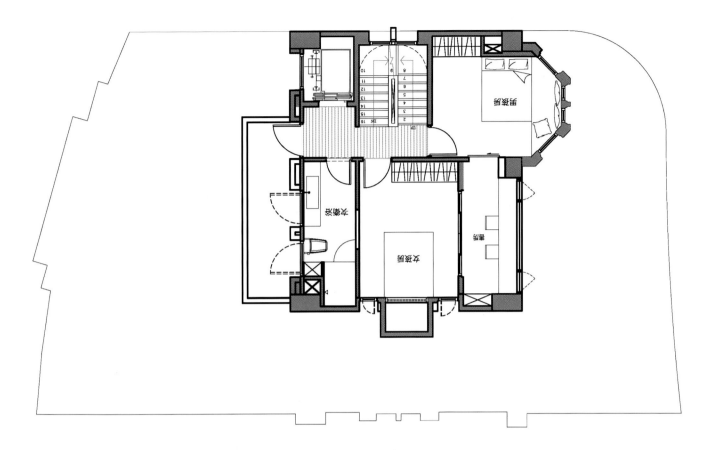

三層水電圖

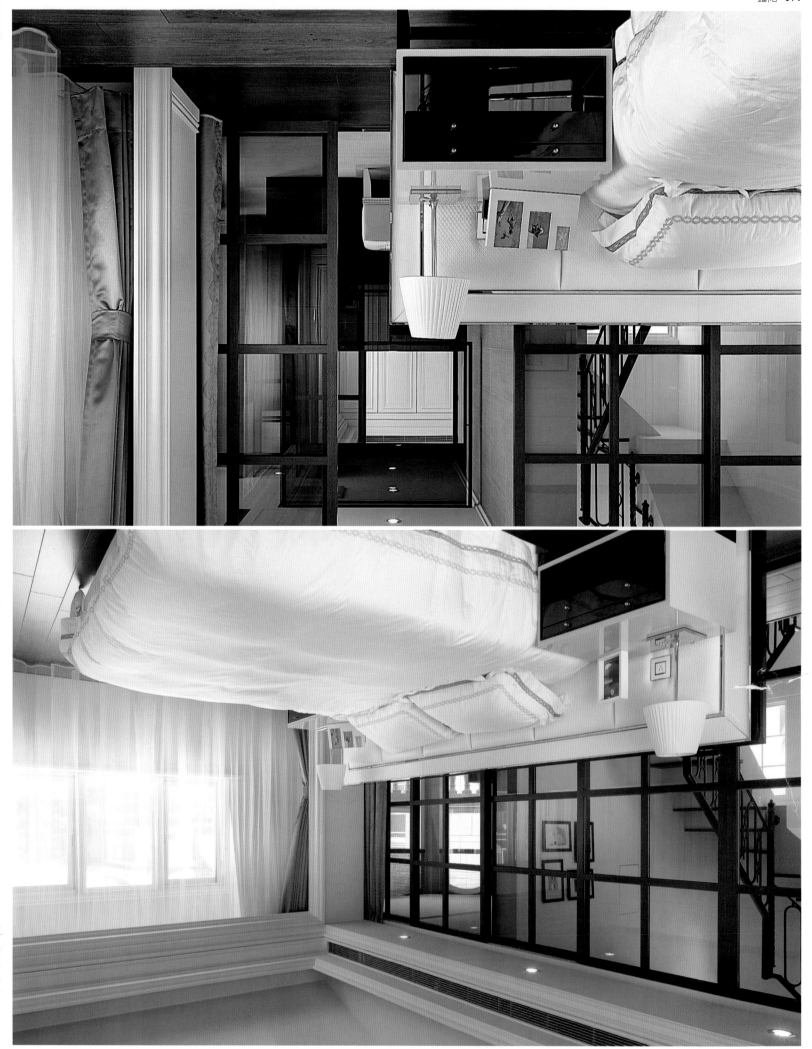